BEI GRIN MACHT SICH IHR WISSEN BEZAHLT

- Wir veröffentlichen Ihre Hausarbeit, Bachelor- und Masterarbeit

- Ihr eigenes eBook und Buch - weltweit in allen wichtigen Shops

- Verdienen Sie an jedem Verkauf

Jetzt bei www.GRIN.com hochladen und kostenlos publizieren

Bibliografische Information der Deutschen Nationalbibliothek:

Die Deutsche Bibliothek verzeichnet diese Publikation in der Deutschen National-
bibliografie; detaillierte bibliografische Daten sind im Internet über http://dnb.d-
nb.de/ abrufbar.

Impressum:

Copyright © 2006 GRIN Verlag, Open Publishing GmbH
Druck und Bindung: Books on Demand GmbH, Norderstedt Germany
ISBN: 9783668581722

Dieses Buch bei GRIN:

https://www.grin.com/document/381091

David Mössner

Stadtvegetation und Neophytenausbreitung in Mitteleuropa

Proseminar: Physische Geographie
Wintersemester 2006

Stadtvegetation und Neophytenausbreitung in Mitteleuropa

Vorgeleget von: David Mössner

Inhalt

1. Einleitung

Das Gebiet der geobotanischen Forschung in unserem Städten ist erst seit ca. 20 Jahre verstärkt in den Interessen - Blickpunkt von Forschung und Naturschutz gerückt, obwohl dieser Lebensraum doch für die meisten Menschen Wohnort, Arbeitsplatz und Freizeitraum darstellt.

Bei vielen Menschen ist ein gesteigertes Umweltinteresse zu verzeichnen. Gerade Kinder haben ein Verlangen, das was um Sie herum passiert erklärt zu bekommen und somit auch besser verstehen zu können. Daher bietet sich für eine Einführung in die Vegetationskunde das am nächsten gelegene Ökosystem, die Stadt, sehr an. Die Vorteile dieses Untersuchungsgebiets liegen auf der Hand: Erstens sind die Untersuchungsobjekte, wenn man nicht sogar das ganze Stadtgebiet als solches sieht, in unmittelbarer Nähe.

Zweitens besteht in diesen nur eine relativ geringe Gefahr schützenswerte Pflanzengesellschaften durch unachtsame Auftritte oder andere Störungen bei der Untersuchung zu schädigen, wie dies zum Beispiel, gerade bei Schülern, während einer Exkursion zu nahe liegenden Wäldern oder anderen natürlichen (und dadurch auf anthropogene Störungen empfindlicher reagierende) Biotope geschehen kann.

Ein weiterer Interessanter Aspekt ist, dass die Teilnehmer eines solchen Kurses die Möglichkeit haben ihre direkte Umgebung, die sie auch sonst immer um sich haben, aus einer wissenschaftlichen Blickrichtung zu betrachten und ihr erworbenes Wissen auch später ständig anwenden können.

Auf Grund seiner starker Dynamik und extremen Belastungen durch den Menschen stellt der Standortkomplex Stadt einzigartige Anforderung an die Vegetation, welche darauf mit unterschiedlichsten Anpassungen, aber auch mit einer Veränderung ihrer Artenzusammensetzung reagiert. Der Lebensraum Stadt bietet daher eine breite Palette an Untersuchungsobjekten anhand derer man die Menschen zu einem bewussten Wahrnehmen der Pflanzen, deren Reaktionen auf (anthropogene) Störungen und ihre Verteilungsmuster anregen kann.

Diese Arbeit soll einen kleinen Überblick über das komplexe Gebiet der Stadtvegetation geben und zum Ende weitere Anwendungen bzw. Ziele der geobotanischen Forschung in Städten aufzeigen.[1]

---

[1] Vgl.: BRANDES, D. (32. Jahrgang 1983). *Stadtvegetation als Unterrichtsgegenstand.* Praxis der Naturwissenschaft Heft 2. *S.35*

2. Der Unterschied zwischen Stadt und Dorf

Im folgenden möchte ich kurz die wichtigsten Punkte skizzieren, welche den Unterschied zwischen der Stadt und einem Dorf ausmachen. Da man sich diese für die Betrachtungen in den nachfolgenden Kapiteln noch einmal vor das Innere Auge holen sollte.

Im Allgemeinen lässt sich sagen, dass alle Merkmale aufgrund des Einflusses des Menschen und seiner Bedürfnisse im Laufe der Zeit entstanden sind und mit der Größe der Siedlung mehr oder weniger korrelieren, d.h. grob gesagt, je größer eine Stadt ist, sowohl in Bezug auf ihre Einwohnerzahl als auch ihre Abmessungen, desto stärker sind die einzelnen Merkmale ausgeprägt.

Der erste große Unterschied zwischen Stadt und Dorf liegt in der Art der Bebauung. Diese ist in der Stadt, aufgrund der Tatsache, dass deutlich mehr Menschen auf weniger Raum leben müssen (höhere Einwohnerdichte als in einem Dorf), erheblich dichter und ausgeprägter, als dies in einem Dorf der Fall ist.

Es ist weniger Platz für Ein- bzw. Mehrfamilien Häuser, mit angeschlossenem Garten. Die Bevölkerung wohnt hauptsächlich in Häusern mit vielen Wohnungen und keiner oder nur kleiner Grünfläche.

Zusätzlich muss eine Stadt mit einem größeren Verkehrsaufkommen und damit direkt in Beziehung stehenden höheren Schadstoffemissionen, wie dies in einem Dorf, mit oftmals nur einer Hauptstraße, der Fall ist, zurecht kommen. Daraus resultiert als logische Folge eine erhöhte Konzentration von Verkehrswegen (Bebauungsdichte).

Für spätere Betrachtungen sollte man zusätzlich auf die Existenz großer Industrie- und Gewerbegebiete in Städten und auf das Vorhandensein von Güterbahnhöfen oder Häfen und das damit einhergehende erhöhte Warenangebot, welches nicht nur Güter aus der Region beinhaltet, sondern auch exotische Lebensmittel, Pflanzen, Stoffe usw. hinweisen.

Der Versiegelungsgrad einer Stadt ist zwangsläufig höher als der in einem Dorf und kann in Innenstadtgebieten von Großstädten fast 100 Prozent erreichen. Die hohe Bodenversiegelungrate kann nur durch große Parkanlagen, Friedhöfe oder sonstige Grünflächen abgeschwächt werden.

Die Stadt zeigt sich als der am stärksten direkt anthropogen geprägte Lebensraum, welcher daher auch den extremsten Unterschied zum ehemaligen Naturraum, wie er früher einmal vorherrschte, darstellt.

Städte haben eine sehr unterschiedlich lange Stadtgeschichte hinter sich und haben sich daher auch auf unterschiedliche Weise zu ihrem aktuellen Erscheinungsbild entwickelt. Es gibt Städte, die schon auf die Römerzeit zurück gehen, andere die im Mittelalter ihren Ursprung finden und solche die erst in der Neuzeit gegründet und somit meistens planmäßig angelegt worden sind oder sich aus Dörfern entwickelt haben. Diese Stadtentwicklungen geschahen nicht zufällig, sondern hatten geographische, wirtschaftliche und teilweise politisch-militärische Hintergründe.[2]

3. Geschichte der geobotanischen Forschung in Siedlungen

Die gezielte Erforschung von Siedlungen hat erst sehr spät begonnen. So schreibt beispielsweise FITTER noch 1945 in Londons natural history

London botanists have shamefully neglected the opportunities for studying the flora of the waste sites that lie under their noses.[3]

Und dies obwohl gerade das Ökosystem Stadt einen äußerst interessanten Lebensraum darstellt, von dem die meisten Menschen zudem direkt umgeben sind. Die ersten Untersuchungsobjekte waren Flechten, diese wurden bereits im 19. Jahrhundert untersucht. Aber auch in der heutigen geobotanischen Forschung nimmt ihre Erforschung und Untersuchung noch einen hohen Stellenwert ein (s.Kap. 6).

Ein weiteres Gebiet dem die Botaniker relativ früh ihre Aufmerksamkeit widmeten war die Adventivfloristik. In diesen Bereich fallen alle Pflanzenarten, die Menschen im Laufe der Geschichte absichtlich oder unabsichtlich eingeführt haben und nicht zur heimischen Flora gehören. Die Adventivflora darf aber nicht mit Kultur- und Zierpflanzen verwechselt werden, da diese im Gegensatz zu den Erstgenannten nicht spontan, also nicht wildwachsend vorkommen. Das vermehrte vorkommen

---

[2] Vgl.: WITTIG, R. (2002). *Siedlungsvegetation*. Stuttgart: Eugen Ulmer,*S. 9-12*

[3] FITTER, R.S.R (1945) *Londons natural history*. London: Collins

dieser Adventivpflanzen lässt sich vor allem an Bahnhöfen, Hafengeländen und Müllplätzen beobachten. Ursachen hierfür werden im Kapitel 5 (vgl. Neophyten) aufgezeigt. Es ist daher leicht nachvollziehbar, dass diese Gebiete auch die ersten waren die von Botanikern genau untersucht wurden.

Nach dem Ende des Zweiten Weltkriegs rückten vor allem die Trümmerflächen in den Mittelpunkt der Untersuchungen. Diese gehörten zusammen mit Müllplätzen auch zu den ersten städtischen Gebieten, die einer genaueren pflanzensoziologischen Untersuchung unterzogen wurden.

Die erste Stadt, die eine systematische komplett Untersuchung erfuhr, war Berlin. Weitere Arbeiten für große Mitteleuropäische Städte folgten (z.B. für die polnische Stadt Chelm). Umfassende Bestandsaufnahmen wurden zuerst von WITTIG (1973) und BORNKAMM (1974) für Münster bzw. Köln angestellt.

Ein sehr junger und interessanter Zweig der Stadtbotanik, auf den ich in Kapitel 6 näher eingehen werde, ist die Bioindikation. Diese wird zum Beispiel für die Bewertung der Luftqualität oder der Einteilung von Stadtgebieten in verschiedene Hemerobiestufen[4] („Synanthropisation") benutzt (s. Kap. 6).

Der Aufschwung der geobotanischen Erforschung, der seinen Beginn in den 1970er Jahren hatte, kann an der steigenden Zahl der vorgenommen Bestandsaufnahmen und dem ebenfalls wachsenden Anteil derjenigen geobotanischen Arbeiten, die sich mit dem Thema Siedlung beschäftigen, gut beobachtet werden.

Die Untersuchung von Dörfern hat noch später begonnen wie die der Städte und ist längst nicht so ausgeprägt. Die ersten umfassenden Bestandsaufnahmen liegen erst 25 Jahre zurück.[5]

4. Besonderheiten der Stadt als Vegetationsstandort

Die Stadt als Pflanzenstandort zeichnet sich durch viele Veränderungen hinsichtlich der Standortfaktoren, die für Pflanzen relevant sind, aus. Die Ursache für diese Veränderungen sind zum größten Teil, die in Kapitel 2 angesprochenen baulichen

---

[4] Hemerobiestufen geben den Grad der Gestörtheit eines Gebietes an und können auf Grundlage von verschiedenen Parametern (z.B. Anteil Neophyten) eingeteilt werden. Manche Pflanzenarten können nach der Meinung von Experten auch als Zeigerarten für bestimmte Hemerobiestufen angesehen werden.

[5] Vgl.: WITTIG, R. (2002). *Siedlungsvegetation*, Stuttgart: Eugen Ulmer, *S. 13-16*

Unterschiede zum Umland. Der Mensch wirkt sowohl indirekt, durch seinen Einfluss auf abiotische Standortfaktoren, als auch direkt auf die Vegetation ein.

Stellenweise wird der Mensch zum wichtigsten Standortfaktor.

Die wichtigsten Standortfaktoren für Pflanzen sind der Boden, das Klima und die damit in engem Zusammenhang stehende Wasserversorgung. Die Veränderung dieser Faktoren in der Stadt hat zum einen auf die Pflanzen direkt Einfluss, die mit einer Anpassung reagieren, als auch auf die Zusammensetzung der Vegetation (s. Kap 5).

Das Klima ist in Städten so charakteristisch verändert, dass man heutzutage von einem eigenen „ Stadtklima" spricht.

Dieses Klima weißt hauptsächlich drei große Unterschiede zum Umland auf:

Erstens ist die Stadt wärmer als das Umland, vor allem weniger kalte Winter und Nächte sind hier hervorzuheben. Zweitens eine erhöhte Trockenheit des städtischen Klimas, dessen Wirkung auf die Pflanzen auch noch durch den hohen Versiegelungsgrad verstärkt wird. Und drittens eine geringere Einstrahlung aufgrund der Dunsthaube, die vor allem im Sommer über Städten ausgeprägt ist.

Alle weiteren Veränderungen von Klimaparametern sind in der folgenden Tabelle abgebildet:

Tab.1 *Veränderungen von Klimaparametern in Siedlungsgebieten (aus Kuttner 1998 Ursachen und Auswirkungen auf die Stadtflora (nach* WITTIG *1991, ergänzt).*

Faktoren	Veränderungen gegenüber dem Umland	Ursachen
Strahlung Globalstrahlung auf horizontaler Oberfläche Gegenstrahlung Ultraviolett im Winter Ultraviolett im Sommer	$-$ 20 % $+$ 10 % $-$ 70 % (im Extremfall $-$ 100 %) $-$ 10 bis $-$ 30 %	Dunsthaube, erhöhte Bewölkung (aufgrund des Aufsteigens der Luft)
Sonnenscheindauer im Winter im Sommer	 $-$ 8 % $-$ 10 %	erhöhte Bewölkung (s.o.)
Lufttemperatur Jahresmittel Winterminima maximale Temperaturunterschiede Dauer der winterlichen Frostperiode	 $+$ 0,5 bis $+$ 1 °C $+$ 1 bis $+$ 3 °C bis $+$13 °C $-$ 30 %	Glashauseffekt, Energieumsatz im Baukörper, anthropogene Wärmezufuhr
Windgeschwindigkeit jährliches Mittel Windstille	 $-$ 25 % $+$ 115 %	Baukörper
rel. Luftfeuchtigkeit Jahresmittel Sommermittel	 $-$ 6 % $-$ 8 %	Oberflächenversiegelung, erhöhte Temperatur, weniger Vegetation
Niederschlag totale Regensumme Schneefall Tauabsatz	 $+$ 10 % (leeseitig) $-$ 5 % $-$ 65 %	erhöhte Bewölkung (s.o.) höhere Temperatur geringe rel. Luftfeuchtigkeit (s.o.)
Luftverunreinigungen CO_2, NO_x, AVOC[1], PAN[2] O_3	 mehr weniger	Emissionen, Immissionen nächtliche Reduktion durch NO

[1] AVOC = anthropogene Kohlenwasserstoffe; [2] PAN = Peroxiacetylnitrat

Die Auswirkungen die diese veränderten Klimaparameter auf die Pflanzen haben sind darüber hinaus durch bauliche Maßnahmen, verschmutze Luft und direkte Beschädigung durch den Menschen zu ergänzen.
Wenn man all diese Faktoren berücksichtigt gibt es nach WITTIG einige Veränderungen in der Zusammensetzung der Vegetation.
Diese können in Bezug auf direkte und indirekte Ursachen, beide anthropogenen Ursprungs, untergliedert werden.

Die direkten Einflüsse durch den Menschen sind zum einen direkte Bekämpfung und zum andern mechanische Beschädigung, zum Beispiel durch Baufahrzeuge[6].
Der erste Punkt wirkt sich in der Hinsicht aus, dass einjährige Arten (Therophyten), die natürlicherweise einen sehr kurzen Generationszyklus haben, begünstigt werden. Aber auch Pflanzen mit extensiven Ausbreitungsmethoden und langlebiger Samenbank wird hier ein Vorteil verschafft.
Die mechanischen Beschädigungen hindern naturgemäß eher die Pflanzen, die zart gebaut bzw. bruchempfindlich, also besser angreifbar sind.

Die indirekten Einflüsse haben einen stärkeren und großräumigeren Einfluss auf die Vegetation. Ihre Wirkung basiert auf der logischen Konsequenz, der in Tab.1 genannten klimatischen Veränderungen. Diese verändern, wie oben erwähnt, die drei wichtigsten Standortfaktoren: Klima, Boden und Wasser/Wasserversorgung.

Das Klima ist wärmer (mildere Winter und Nächte) und trockener.
Diese Veränderung kommt thermophilen und trockenheits - resistenten Arten zu Gute. Hygrophyte Arten haben kaum Chancen. Die milderen Winter und Nächte wiederum begünstigen frostempfindliche Arten, die sonst im Umland kaum Existenzmöglichkeiten hätten.
Die verstärkte Luftverschmutzung verbessert zusätzlich die Ausbreitungs- und Etablierungschancen von toxitoleranten Pflanzen.

Der zweite Faktor im Gesamtkomplex des urbanen Lebensraum ist der Boden.
Dieser ist nährstoffreicher, basischer, schadstoffreicher und wasserärmer (vgl. Tab. 3-1 WITTIG, R. *Siedlungsvegetation).*

---

[6] Überblick über anthropogene Störung eines Stadtbaums: Siehe Anhang

Dies scheint, mit Bezug auf die ersten beiden Bodeneigenschaften, nicht sofort Nachvollziehbar. Der höhere Nährstoffgehalt und die Tendenz zu höheren Ph - Werten, lässt sich aber leicht anhand der Geschichte der Stadtböden erklären:

Da Städte mit der Zeit wachsen, und dies vor allem zu Anfang der jeweiligen Stadtgeschichte, ist es nachvollziehbar, dass die meisten der heutigen Stadtböden ehemalige Äcker sind. Diese lagen früher ausserhalb der Stadtmauern, sind aber im Laufe der Zeit, aufgrund des erhöhten Bedarfs an Wohnplatz, von der Stadt „verschluckt" worden. Diese Böden wurden davor künstlich durchmischt, gedüngt und gekalkt, was die oben genannten Veränderungen zu einem Teil erklärt. Hinzu kommt, dass immer wieder Mörtel und Zementreste in den Boden gelangen und dort einlagern können.

Der hohe Schadstoffgehalt ist die Folge von winterlichem Streusalzeinsatz und erhöhten Staubniederschlägen.

Zusätzlich ist die im Durchschnitt höhere Verdichtung des Stadtbodens zu nennen, die von Fahrzeugen, Baumaschinen und dichter Bebauung herrührt.

Der höhere Basenanteil begünstigt naturgemäß basiphile Arten, der höhere Schadstoffgehalt bringt Vorteile für schadstoffresistente Pflanzen.

Der Einfluss bezüglich der relativen Wasserarmut des Bodens ist zusammen mit dem dritten Standortfaktor Wasser im nächsten Abschnitt beschrieben.

Die Wasserversorgung der Pflanzen ist der dritte und vielleicht wichtigste Standortfaktor im urbanen Lebensraum, da er durch anthropogenen Einfluss eine starke Veränderung zum Umland erfahren hat.

Sowohl die in Tab. 1 dargestellten Klimaparameter (vgl. relative Luftfeuchtigkeit) sind hier anzuführen, als auch, und das stellt die wichtigere Komponente dar, die starke Bebauung, Kanalisierung und veränderten Bodeneigenschaften.

Diese Faktoren führen, mit unterschiedlicher Gewichtung, erstens zu einem abgesenkten Grundwasserspiegel, die Hauptursache ist hier die Kanalisation; Die Versorgung mit Wasser wird durch künstliche Bodenauftragungen zusätzlich erschwert. Zweitens zu einer verringerter Luftfeuchtigkeit, aufgrund des schnellen Wasserabflusses (durch den hohen Versiegelungsgrad, bis 100% im Innenstadtbereich).

Drittens ist eine höhere Trockenheit des Bodens, wegen der veränderten Bodenzusammensetzung (höherer Anteil an Gesteinsmaterial und Schutt), vor allem auf Industrie- und Bahngeländen, zu verzeichnen. Diese Zusammensetzung erhöht die Versickerungsgeschwindigkeit des Wassers im Boden und verringert dadurch die nutzbare Feldkapazität (nFK) (vgl. Schroeder, D.1992: Bodenkunde in Stichworten, Berlin: Borntraeger).

All diese Veränderungen führen auf den Punkt gebracht zu einem trockenerem Boden und weniger verfügbarem Wasser für die Vegetation.

Dies begünstigt folglich Pflanzen mit wenig Wasserbedarf bzw. guter Wasserspeicherkapazität in Verbindung mit einem geringen Wasserverbrauch. Gute Existenzmöglichkeiten ergeben sich ausserdem für extreme Tiefwurzler. Auch dieser Standortfaktor schränkt die Lebensfähigkeit von Hygrophyten stark ein, Helo- und Hydrophyten sind noch weniger Lebensfähig.

Der Mensch beeinflusst die abiotischen Standortfaktoren ganz erheblich. Das Stadtklima, mit all seinen Charakteristika, ist das Ergebnis anthropogener Veränderungen. Die Stärke der oben genannten Effekte und deren Folgen korrelieren mit der Größe der Stadt.

Der Mensch wird durch seinen direkten und indirekten Einfluss auf die Vegetation in Städten, zu einem wichtigen, oftmals sogar zum wichtigsten Standortfaktor.[7]

5. Pflanzenarten, die in Siedlungen heimisch sind

Die Stadt als Lebensraum für Pflanzen, als ein Lebensraum der den größten Kontrast zum natürlichen Landschaftsbild darstellt, ist, in erdgeschichtlichen Dimensionen gesehen, ein sehr junger Lebensraum. Die Menschheit hat erst vor wenigen tausenden Jahren begonnen die Erde gezielt zu verändern, um sie ihren wachsenden Bedürfnissen anzupassen und erst mit der Industrialisierung sind Großstädte entstanden, wie sie heute zu Hunderten auf der Erde verteilt sind.

Es ist daher leicht verständlich, dass sich die wenigsten Arten in den Städten selber entwickelt haben. Der größte Teil aller in Siedlungen heimischer Pflanzen hat einen Biotopwechsel vollzogen. Dieser Biotopwechsel kann aber ganz verschiedene Dimensionen annehmen und muss daher differenziert betrachtet werden.

---

[7] Vgl.: WITTIG, R. (2002). *Siedlungsvegetation*. Stuttgart: Eugen Ulmer. S. 17-29

Im Groben können vier Typen von Pflanzenarten im Bezug auf ihre Herkunft und Abstammung bzw. ihren Umsiedelungsprozess unterschieden werden:

Die erste Gruppe umfasst alle Pflanzen, die bereits in der Naturlandschaft gewachsen sind (Indigene). Diese bezeichnet man, wenn es sich um Pflanzen handelt, die sich an den Lebensraum Stadt angepasst haben, als Apophyten.[8]

Als Archäophyten bezeichnet man generell all diejenigen Pflanzen, die vor der Entdeckung Amerikas durch Kolumbus eingewandert sind.

Die Gruppe der Neophyten umfasst alle Pflanzen, die sich erst in historischer Zeit eingebürgert haben.

Die letzte Gruppe beinhaltet den gesamten Pflanzenbestand, für den kein natürlicher Standort bekannt ist. Pflanzenarten also, von denen man annehmen kann, dass sie erst in der Kulturlandschaft bzw. Siedlungen entstanden sind. Sie werden Anökophyten genannt.

Für die zweite und dritte Gruppe wird auch der Überbegriff Hemerochoren oder Anthropochoren verwendet. Diese deuten auf die direkte oder indirekte Unterstützung durch den Menschen hin.

Als Problematisch hat sich bei dieser Einteilung vor allem die Unterscheidung zwischen Archäophyten und Indigenen (bzw. Apophyten) heraus gestellt. Da oftmals nicht klar zu entscheiden ist, ob eine Pflanzenart schon vor sehr langer Zeit eingewandert ist oder schon immer in einer Naturlandschaft heimisch war.

Mit dieser Einteilung der Pflanzenarten lässt sich gut darstellen in wieweit und wie stark der Mensch dir Zusammensetzung der Flora beeinflusst.

Vergleicht man die Zusammensetzungen der Vegetation, mit der Einteilung in Indigene, Neophyten und Archäophyten, zwischen Umland und Städten zeigt sich ein deutlicher Unterschied in der prozentualen Verteilung dieser Pflanzenarten.

Um diese Tendenz noch allgemeiner und genauer betrachten zu können, bietet sich die zusätzliche Einstufung von Standorten nach dem Maß ihrer anthropogenen Störungen (Hemerobie) in Hemerobiestufen an. Die Stärke der Störung, auf ganze Städte bezogen, korreliert, wenn man es sehr undifferenziert und vereinfacht

---

[8] Der Prozess der Anpassung von Pflanzen (insb. Indigene) an anthropogene Standorte wird im allgemeinen als Apophytisierung bezeichnet. Dieser Anpassungsprozess kann auf mehreren Ebenen stattfinden (Lebensform, Bauplan, Blattlebensdauer, Lebensstrategie und Weg der CO2 - Fixierung). (Vgl. WITTIG, R. (2002). *Siedlungsvegetation.* Stuttgart: Eugen Ulmer. S. 70 - 75.

betrachtet mit der Größe der Stadt und ihrer Einwohnerdichte- bzw. Anzahl. Die Einteilung in Hemerobiestufen hinzugezogen kann man ein Schaubild erstellen, das den direkten Zusammenhang zwischen der Stärke der anthropogenen Störung und der Artenzusammensetzung aufzeigt. Dieses zeigt, wie im folgenden Beispiel anhand der Stadt Berlin, eine eindeutige Tendenz hin zu mehr Neophyten begleitet von einer starken Abnahme der Indigene.

Abb.1 *Prozentualer Anteil an Indigenen, Archäophyten und Neophyten an der Artenzahl der Vegetation der Hemerobiestufen 1-9 in Berlin (West). (100% = Anteil aller auf der jeweiligen Hemerobiestufe vorkommenden Arten; Hemerobiestufe 1: sehr gering gestört; Hemerobiestufe 9: sehr stark gestört; 2-8 Zwischenstufen (nach* KOWARIK *1988)*[9]

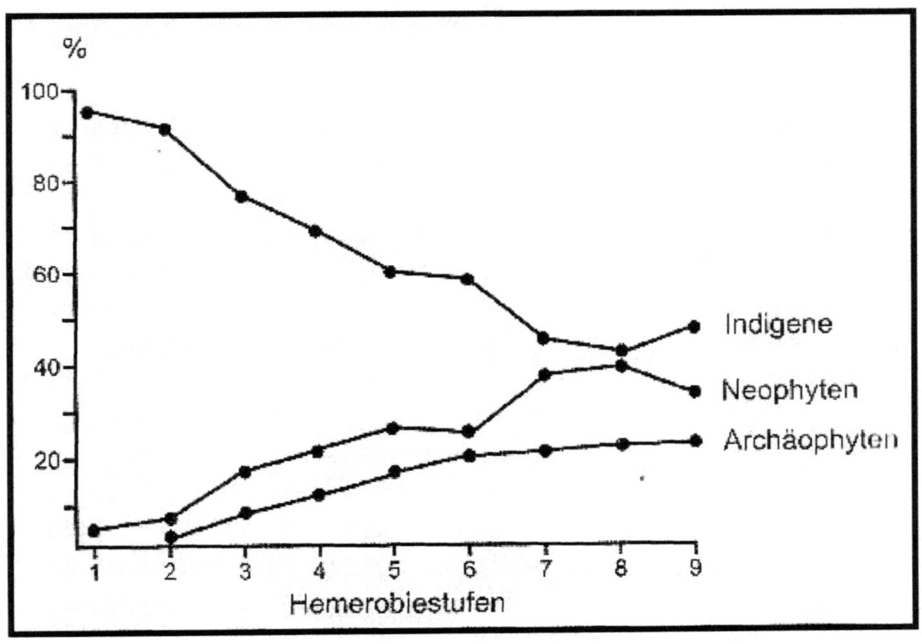

Die nächste Frage, die sich jetzt stellt ist, wieso nimmt der Anteil an Neophyten, also ursprünglich nicht einheimischen Pflanzenarten, in Städten bzw. Großstädten

---

[9] Wittig, R. (2002). *Siedlungsvegetation.* Stuttgart: Eugen Ulmer. S. 48

so stark zu. Aber nicht nur die prozentualen Anteile der verschiedenen Pflanzenarten weisen Unterschiede zum Umland auf.

Pflanzensoziologische Untersuchungen und Vergleiche von verschiedenen Großstädten auf der ganzen Welt haben auch gezeigt, dass sich die Floren, im Vergleich zum Umland, weniger unterscheiden. Und das über ganze Klimazonen hinweg.

Die Floren der Großstädte sind innerhalb einer Klimazone also weniger differenziert und lokal unterschiedlich als die des Umlandes.

Wie kann man diese beiden Beobachtungen erklären und welche Zusammenhänge bestehen?

Für beide Entwicklungen gibt es Erklärungen, die zum Teil auf beide Punkte zutreffen, teilweise nur auf einen.

Die erste Tatsache, die man ins Auge fassen sollte, ist, dass in den letzen Jahrhunderten der Handel zwischen verschiedenen Staaten und Kontinenten kontinuierlich zugenommen hat. Dieser Austausch von unzähligen Waren und der damit verbundene Ausbau von Verkehrs- und Handelsnetzen ermöglichte es vielen Pflanzenarten von ihrem natürlichen Standort zu neuen Standorten zu gelangen. Man spricht in diesem Zusammenhang auch von Einwanderungstoren, das sind Orte, an denen diese Waren ankommen (Häfen, Güterbahnhöfen oder Flughäfen) oder gelagert bzw. verarbeitet werden (Lagerhallen, Märkte und Mülldeponien). Städte stellen aus globaler Sicht die Zentren dieses Netzes dar und besitzen folglich auch eine große Anzahl solcher Einwanderungstore. Vor allem früher, als die Produktion und der Versand von diesen Waren noch nicht so „sauber" und auf Ökonomie ausgelegt war, gelangten mit den Produkten auch eine Vielzahl von Diasporen mit in die Zielorte und konnte sich so gut ausbreiten. Dies soll nur kurz an einem Beispiel verdeutlicht werden: Früher wurden Schiffe, wenn sie keine Ware für die Rückfahrt zu ihrem Heimathafen hatten, oftmals mit Ballasterde beladen, diese wurde dann dort angekommen einfach entladen. So gelangten Diasporen, teilweise über Kontinente hinweg, in andere Häfen. Zwischen Städten können sich einige Neophyten zum einen selbstständig entlang von so genannten Wanderstraßen (Landstraßen, Bahnlinien) verbreiten oder alternativ auf dieselbe Weise wie bei der ursprünglichen Einschleppung (Anthropogener Transport).

Damit ist geklärt wie sich Neophyten ausbreiten können, aber nicht weshalb sie sich so erfolgreich etablieren konnten und können und das in Umgebungen, die naturgemäß vielleicht kaum den Ansprüchen dieser Pflanzen gerecht werden.

Der eigentliche Ursprung der Ursache, die für die Klärung dieser Frage von entscheidender Bedeutung ist, entpuppt sich als dieselbe, wie bei der vorherigen. Die Menschheit.

Erst diese hat durch die Schaffung von Städten einen Lebensraum bereit gestellt, der es diesen Neubürgern ermöglicht zu überleben und sich teilweise spontan auszubreiten. Erst durch den Auftritt des Menschen auf der Bühne der Erdgestaltung und seiner Rolle als wichtiger bzw. wichtigster Standortfaktor ist diesen Pflanzen, nachdem sie von ihm schon die Chance erhalten hatten ihren natürlichen Standort zu verlassen, auch die Grundlage geschenkt worden sich in neuen Umgebungen ohne Unterstützung fortzupflanzen.

Denn, wie wir oben gesehen haben, unterscheidet sich das Stadtklima erheblich von dem des Umlandes. Der klimatische Unterschied innerhalb einer Klimazone ist in Großstädten geringer als in den jeweiligen natürlichen Umgebungen. Vor allem der Effekt der „Wärme-Insel" ist hier hervorzuheben. Alle Großstädte haben zudem eine Gemeinsamkeit: Der Mensch wird durch seine intensive Nutzung dieses speziellen Lebensraum zu einem wichtigen Standortfaktor für die Vegetation im Ökosystem Stadt.[10]

6. Anwendungsaspekte und Nutzen der Stadtvegetation

Der Großteil der Menschen in Europa und der Welt lebt in Städten. Sie stellen für die meisten von uns den vertrauten Lebensraum dar und somit haben wir zu ihnen den größten Bezug.

Diesen Lebensraum, mit all seinen Besonderheiten, genau zu kennen und zu erforschen ist daher umso wichtiger. In diesem Kapitel soll zum Abschluss der Arbeit noch ein kleine Übersicht darüber gegeben werden, weshalb die genaue Kenntnis über die Charakteristiken der Stadt wichtig ist und nicht, wie so lange Zeit, vernachlässigt werden darf.

---

[10] Vgl.: Wittig, R. (2002). *Siedlungsvegetation.* Stuttgart: Eugen Ulmer. S. 35-57

Ein wichtiges Thema im Wohnraum Stadt ist nach wie vor die Lebensqualität. Der Mensch kann ohne ein Mindestmaß an Natur nicht , oder zumindest nicht gut, leben. Auch der Stadtmensch braucht für sein gesundheitliches Wohl Phasen in denen er dem Lärm der Innenstadt ausweichen kann. Die Kartierung und Erforschung der Vegetation in Siedlungen kann dazu genutzt werden die aktuelle Umweltsituation zu ermitteln und daran anschließend zu verbessern.

In diesem Zusammenhang fällt unter Experten das Wort Bioindikation. Bestimmte Pflanzenarten stellen so genannte Bioindikatoren dar.

Bioindikatoren sind Organismen oder Organismengesellschaften, deren Lebensfunktionen sich mit bestimmten Umweltfaktoren so eng korrelieren lassen, daß sie als Zeiger für diese verwendet werden können.[11]

Es handelt sich also um Pflanzen die sehr empfindlich auf bestimmte Klimaparameter, z.B. Luftverschmutzung, reagieren. Es ist möglich über das aufzeichnen der Verbreitung dieser Pflanzen (Biotopkartierung) Rückschlüsse über den Menschen beeinflussende und von ihm beeinflusste Klimaparameter zu ziehen. In vielen Städten liegen solche Kartierungen schon aus mehreren aufeinander folgenden Jahren vor. In diesem Fall spricht man auch von Biomonitoring, da ein Trend aufgezeigt werden kann.

Typische Beispiele sind die in Kapitel 3 kurz erwähnten Flechten. Diese ermöglichen Rückschlüsse über die Luftqualität, da sie empfindlich auf SO_2 reagieren.

Das Ergebnis solcher Untersuchungen wird umso besser, je genauer solche Kartierungen vorgenommen werden und wenn zusätzlich nicht nur das reine Vorkommen der Art, sondern auch ihre Dichte bzw. Stetigkeit an bestimmten Standorten vermerkt werden.

Ebenfalls anhand von Pflanzen können Temperaturunterschiede im Gegensatz zum Umland untersucht und aufgezeigt werden. Eine besondere Rolle spielen hier phänologische Untersuchungen, z.B. das Blühverhalten von Bäumen.

---

[11] Sukopp, H., Wittig R.(1998) *Stadtökologie. Ein Fachbuch für Studium und Praxis.*Stuttgart; Jena; Lübeck; Ulm : G.Fischer Verlag.

Hier lässt sich anhand der zeitlichen Differenz zwischen Blühterminen im Umland und der Stadt ein Maß des Temperaturunterschiedes ableiten.

Ein weiterer wichtiger Aspekt der geobotanischen Forschung in Siedlungen ist die Ermittlung des Gestörtheitsgrades eines Standortes mithilfe der Vegetation. Selbstverständlich ist es möglich anhand verschiedener Parameter die Hemerobiestufe eines bestimmten Gebietes technisch zu bestimmen, allerdings hat die Feststellung durch pflanzensoziologische Untersuchungen einige Vorteile. Pflanzen reagieren, da Sie nicht wie Messinstrumente auf bestimmte Störungen geeicht sind, auf die Summe aller Störungen. Sie zeigen also die Wirkung aller Störungen auf die Vegetation auf und lassen darüber Rückschlüsse zu, inwiefern sich manche Einflüsse eventuell gegenseitig verstärken oder abschwächen. Zudem ist mit Hilfe der Vegetation die Ermittlung eines Störungsgrades relativ schnell und ohne Vorkenntnisse über den Standort möglich. Werden solche Bestimmungen regelmäßig vorgenommen, können zusätzlich die Wirkungen von durchgeführten Maßnahmen auf die Pflanzen festgestellt werden.[12]

Unter Berücksichtigung der Ergebnisse, die aus solchen Untersuchungen für die jeweilige Stadt gewonnen werden können, ist es besser möglich die Umweltsituation einzuschätzen und diese dann gezielt zu verbessern. Gründe für solche Umwelt Erhaltungs- und Verbesserungsmaßnahmen liegen auf der Hand. Die Vegetation mildert den anthropogenen Einfluss auf die Klimaparameter in Städten. Sie dient dazu die Luft zu filtern und den Oberflächenabfluss zu verlangsamen. Sie kann benutzt werden um Häuser zu isolieren und somit helfen Energie zu sparen und nicht unnötig über Abwärme die Umwelt aufzuheizen. Stadtspezifische Vegetationstypen sollten erhalten werden, denn auch in der Stadt spielt der Naturschutz eine Rolle. Parkanlagen und alle anderen mit Vegetation besiedelten Flächen haben einen positiven Effekt auf das Stadtklima, nicht nur physisch, sondern auch psychisch.

Kinder können umweltbewusstes und respektvolles Handeln gegenüber der Natur nur Lernen, wenn ihnen die Möglichkeit offen steht Naturerfahrungen zu machen.

---

[12] Vgl.: Wittig, R. (2002). *Siedlungsvegetation.* Stuttgart: Eugen Ulmer. S. 208-215

Diese Naturerfahrungen können Kinder, die in Städten aufwachsen, nur erleben wenn sie Gebiete haben, die von spontaner Vegetation besiedelt sind. Ruderalflächen stellen solche Gebiete dar und werden von Kindern, wenn sie vorhanden sind, auch vorzugsweise als Abenteuerspielplatz genutzt.

Diese Flächen haben auch wirtschaftlich gesehen einen Vorteil: Sie sind pflegeleicht und kostengünstig. Sie beugen einer völligen Naturentfremdung der Kinder vor und diese entwickeln automatisch ein Verständnis für Naturschutz und Toleranz von Pflanzen und Tieren, das sie so vielleicht nirgendwo sonst erlangen können.

Diese Erfahrungen sensibilisieren Kinder und geben ihnen eine positive Einstellung gegenüber der Natur, die sie vielleicht ihr ganzes Leben lang behalten und prägt.[13]

---

[13] Vgl.: Brandes, D. (32. Jahrgang 1983). *Stadtvegetation als Unterrichtsgegenstand. Praxis der Naturwissenschaft Heft 2. S.52*

7. Anhang

Abb.2 *Auf Straßenbäume in urbanen Gebieten einwirkende Stressfaktoren (aus* WITTIG *et. al.*
1998)

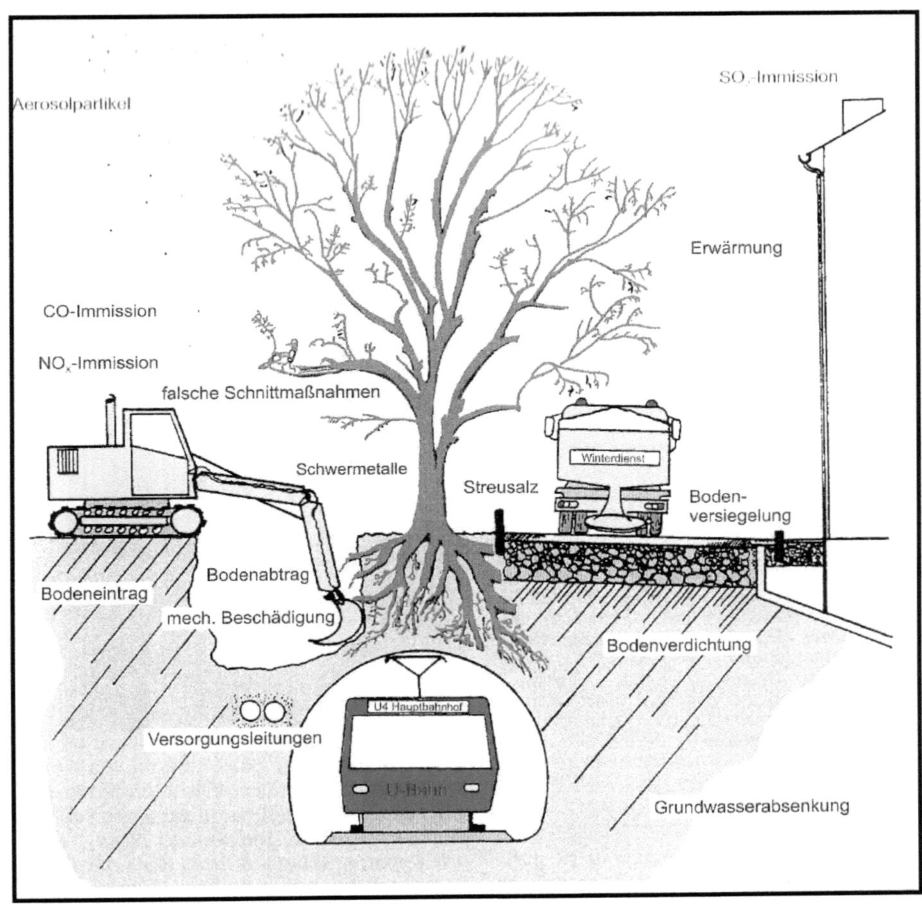

III. Literaturverzeichnis

BRANDES, D. (32. Jahrgang 1983). *Stadtvegetation als Unterrichtsgegenstand.* Praxis der Naturwissenschaft Heft 2

GÄLZER, R. (2001). *Grünplanung in Städten.* Planung, Entwurf, Bau und Erhaltung. Stuttgart: Ulmer.

GOUDIE, A. (2002). *Physische Geographie.* Eine Einführung. Berlin: Spektrum.

KOWARIK, I. (2/2003). *Eingeführt und Eingeschleppt.* Neophyten in Berlin und Brandenburg. Naturmagazin 2003.

SCHROEDER, D.1992: *Bodenkunde in Stichworten,* Berlin, Borntraeger Stuttgart

SUKOPP, H., WITTIG R.(1998) *Stadtökologie. Ein Fachbuch für Studium und Praxis.* Stuttgart; Jena; Lübeck; Ulm : G.Fischer Verlag.

WITTIG, R. (2002). *Siedlungsvegetation.* Stuttgart: Eugen Ulmer

Onlinequellen:

http://de.wikipedia.org/wiki/Neophyten   Zugriff am 28. Oktober 2006
http://de.wikipedia.org/wiki/Stadtklima   Zugriff am 26. Oktober 2006

BEI GRIN MACHT SICH IHR WISSEN BEZAHLT

- Wir veröffentlichen Ihre Hausarbeit, Bachelor- und Masterarbeit

- Ihr eigenes eBook und Buch - weltweit in allen wichtigen Shops

- Verdienen Sie an jedem Verkauf

Jetzt bei www.GRIN.com hochladen und kostenlos publizieren